The Origin of Everything | 第一輯

漫畫 萬物由來

郭翔 —— 著

讀漫畫 · 知常識 · 曉文化 · 做美食

糖

關於作者
郭翔

童書策劃人，上海讀趣文化創始人。

策劃青春文學、兒童幻想文學、少兒科普等圖書，擁有十多年策劃經驗。

2015 年成功推出的原創少兒推理冒險小說《查理日記》系列，成爲兒童文學的暢銷圖書系列。

糖糖成長相冊

嗨！我叫糖糖，是人人喜愛的糖寶寶。自從我來到這個世界，就把甜蜜和幸福帶給了每一個人。我的"出生"可並不容易哦，請跟我一起去瞭解糖的由來吧。

我變成紅糖啦

甘蔗爺爺是糖家族的大功臣

我最愛的遊樂園——製糖廠

白糖　　紅糖　　冰糖

糖家族的三朵姐妹花

我穿上漂亮的糖果新衣啦

我在聞名天下的甜品美食節上

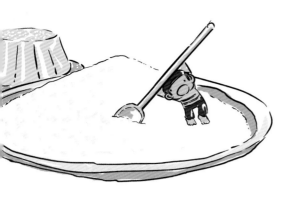

目錄

糖從哪裡來

糖，是從甘蔗、甜菜、米、麥子等植物中提取加工而來的、有甜味的食品。生活中，我們最常見到的糖是蔗糖。比如，我們平時食用的白糖、紅糖和冰糖都屬於蔗糖。除了蔗糖外，還有葡萄糖、果糖、麥芽糖等。那麼，糖是如何製作並被廣泛食用的呢？

1 蜂蜜是人類最早的糖類來源之一。蜂蜜見諸文字的最早記載是西元前 1600 年的商代，那時的古人就喜歡用食物蘸蜂蜜來吃，覺得特別香甜。

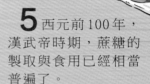

5 西元前 100 年，漢武帝時期，蔗糖的製取與食用已經相當普遍了。

2 飴糖是世界上最早被製造出來的糖。約西元前 1000 年的西周時代，人們就學會用米、麥、粟這些含澱粉的糧食作原料，經過發酵、熬煮製成麥芽糖，也就是飴糖。

4 約西元前 300 年，古人將甘蔗榨汁後熬煮或曝曬，從而得到在貴族中風靡一時的甜食——糖。

3 約西元前 300 年，印度和中國就已開始種植甘蔗。中國和印度是世界上最早種植甘蔗的兩個國家，也是甘蔗製糖技術的兩大發源地。

6 西元 647 年，唐太宗派人去印度學習熬糖法，從此，中國的製糖業更具規模化。

7 西元 766 年，四川出現了用甘蔗製取冰糖的技術。

8 西元 900 年前後，民間出現了各種各樣用糖製成的甜品，並遠銷到波斯、羅馬等地。宋代時，中國出現了世界上第一部甘蔗煉糖術專著《糖霜譜》。

古代中國的製糖技術一直處於世界領先地位！

9 18 世紀末期，新的製糖原料甜菜被發現，給世界製糖業的發展帶來重大突破，歐洲製糖業率先進入機械化，中國製糖技術開始落後於世界。

10 20 世紀 30 年代，中國興起機械化製糖熱潮。80 年代後，中國重新成為世界製糖大國之一。

製糖的大功臣

甘蔗和甜菜是製糖的兩大功臣，它們的糖分是製造紅糖、白糖和冰糖的主要原料。

根據歷史學家的分析，甘蔗最早出現在南半球的新幾內亞地區，隨後傳到了太平洋群島、印度，大約西元前 3 世紀時，由東南亞傳入中國南部。

想不到甘蔗的祖先也是飄洋過海才來到中國的呢！

甘蔗的莖被稱為根狀莖，看起來像竹子，一節一節的。甘蔗的頂端長滿綠油油的葉子，這些葉子通過光合作用製造出糖分，並輸送到甘蔗的莖中儲藏起來。

葉

莖

根

甘蔗林

甘蔗的生長需要充足的陽光和水分，因此它主要分佈於熱帶和亞熱帶地區。全世界有 100 多個國家出產甘蔗，產量排名前三的依次是巴西、印度和中國。

甜菜地

與甘蔗相比，用甜菜製糖的歷史很短，只有 200 年左右。雖然現在甜菜也是重要的糖料作物，但種植面積還是比甘蔗少多了。

甜菜

哇！紫色的甜菜看起來像個大蘿蔔。

甘蔗和甜菜對於氣候條件的要求差別很大。甘蔗屬於熱帶作物，分佈在熱帶和亞熱帶地區；甜菜喜溫涼，主要分佈在中溫帶地區。中國幅員遼闊，氣候條件多樣，南方多種植甘蔗，北方則多種植甜菜，所以有"南蔗北甜"的說法。

糖糖自然課 什麼是光合作用？

葉子就像一座綠色的加工廠，日夜都在運轉，而光合作用就是其中的一項重要工作。它指揮葉子中的葉綠素家族，利用陽光的能量，把水和吸入的二氧化碳轉化成糖分，並放出氧氣，從而為植物輸送養分。

糖分　氧氣　太陽
二氧化碳
葉綠素
水
肥料

甘蔗和甜菜的種植

　　甘蔗不結種子，是用莖來栽種的。栽種後，種莖上會長出綠油油的小苗，並像竹子一樣不斷地長出一節節的莖，然後變得高而粗壯。

　　甘蔗的糖分主要儲存在莖內，葉片中也會含有少量的糖分。甘蔗莖一般能長到 4 ～ 5 米高，直徑粗的能達到 6 公分。成熟時，甘蔗莖內的蔗糖成分達到最高峰。

掃一掃，觀看有趣的影片。

甜菜是用甜菜籽來播種的。種子兩週內就會長出細嫩的苗秧，很快就有葉片長出來，留在地下的根則會慢慢長成塊莖。

甜菜的生長期一般是兩年。第一年，長出葉子，並在葉子中合成糖分，通過葉脈和莖脈將糖分傳送到根部儲存。這一年的甜菜需要足夠多的水，體內才會生成更多的糖分。有趣的是，農民還會給生長中的甜菜噴施高效增糖劑，來提高甜菜的含糖量。到了第二年，甜菜成熟後，農民會使用專用的甜菜收割機來收穫甜菜，並送往製糖廠提煉糖。

探秘古老的製糖法

印度製糖法傳入中國

　　中國和印度是世界上最早種植甘蔗的國家，順理成章地成為最早開始製造糖的國家。而最初，印度的製糖法是領先中國的。

　　早在漢代時，印度人已經可以用甘蔗榨汁製成砂粒狀或餅狀的糖，而中國在唐代之前，只會通過曝曬甘蔗汁獲取糖漿，並沒有掌握真正的製糖技術。

1 印度的糖早在漢代便由絲綢之路傳入中國，在文獻中被稱為"石蜜"或"西國石蜜"，只有帝王和貴族才能享用。

"石蜜"是一種餅狀的糖。

3 西元 647 年，唐太宗專門派使者王玄策帶人到印度的摩揭陀國學習製糖法。

出使摩揭陀國。

2 到了唐代，唐太宗發現印度傳入的砂糖和石蜜，比當時中國生產的砂糖（即現在的紅糖）質地乾燥，能保存更長時間，食用也非常方便，就很想把印度的製糖法引入中國。

4 經過 5 個月的行程，王玄策帶領的使團到達了摩揭陀國，卻趕上了該國政變，還遭遇了搶劫和突襲，使團只好撤退到吐蕃國尋求庇護。

5 西元 648 年，王玄策等人發動吐蕃等國出兵摩揭陀國，中國使團才得以在摩揭陀國學習製糖。因王玄策急著回國，他們沒有充足的時間和條件去學習複雜的砂粒糖製法，只學習了簡單的石蜜製法。

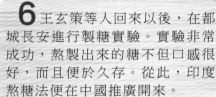

6 王玄策等人回來以後，在都城長安進行製糖實驗。實驗非常成功，熬製出來的糖不但口感很好，而且便於久存。從此，印度熬糖法便在中國推廣開來。

歷史上，中印兩國曾互相學習製糖技術。

8 唐大曆年間，製作白糖的方法在四川一帶流行開來。到了明代，中國製造的白糖開始大量出口，在印度也很受歡迎，印度又派人到中國學習煉製白糖的方法。

7 西元 661 年，王玄策再次帶領使團訪問摩揭陀國，並帶回十位印度製糖專家傳授砂粒製糖法。這種方法大大提高了糖的純度，從此，中國開始大規模製作顆粒狀的紅糖。

中國傳統製糖法

中國古代人民充滿了智慧，在吸取了印度先進的製糖法後，開始大規模熬製紅糖，並獨創了白糖和冰糖的製法，將中國糖出口到世界各地。

與現代的工業製糖相比，傳統熬製的紅糖更有營養，它更多地保留了蔗糖的營養成分，也更容易被人體消化吸收，從而快速補充體力、增加活力，因此，被稱為"東方的巧克力"。

那麼，在沒有工業機器的古代，人們是怎樣熬製紅糖的呢？

傳統紅糖製作法

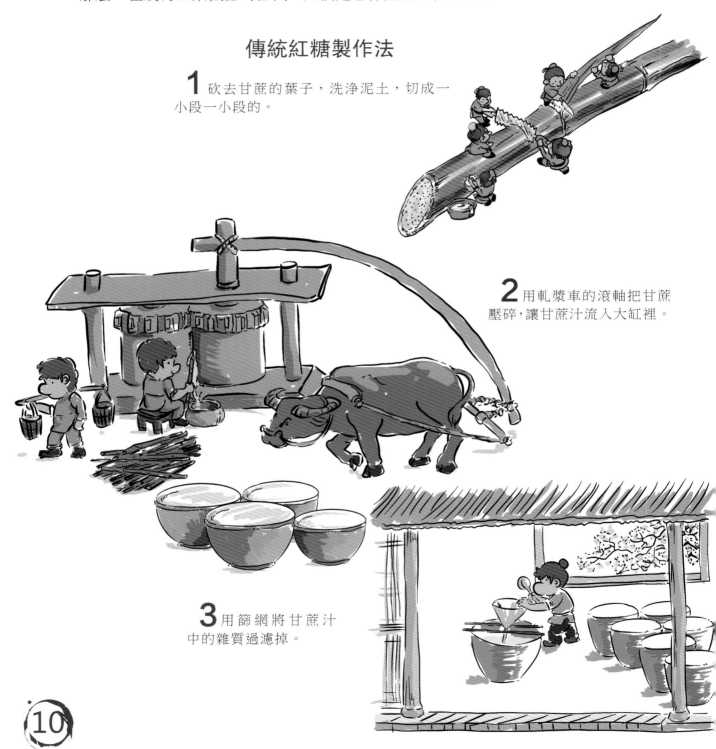

1 砍去甘蔗的葉子，洗淨泥土，切成一小段一小段的。

2 用軋漿車的滾軸把甘蔗壓碎，讓甘蔗汁流入大缸裡。

3 用篩網將甘蔗汁中的雜質過濾掉。

4 需要用到一個放置著九口鍋的竈臺。先把甘蔗汁舀進第一口鍋裡，在小火熬煮的過程中，熬糖師傅不停地把甘蔗汁從前一口鍋舀到後面的鍋裡，一鍋接著一鍋地熬，每一口鍋都是必不可少的一道工序，直到把最後一口鍋裡的甘蔗汁熬成深棕色的糖漿。

5 把煮好的深棕色糖漿倒入另一口大缸中冷卻。糖漿凝結以後，深棕色的塊狀紅糖就做好啦。

6 把大糖塊切成小塊打包，紅糖就可以拿出去賣了。

糖糖歷史課 蔗糖曾是僧侶的藥品

你知道嗎？蔗糖一開始並不是普通人家的食物。在唐代，一般百姓家裡並沒有蔗糖，蔗糖主要掌握在一些寺廟僧侶手中。僧侶們以蔗糖入藥，或者用蔗糖水來洗浴佛像。

傳統白糖製作法

在白糖出現之前，古人食用的都是深棕色的紅糖。後來，人們用紅糖進一步提煉，製作出了白糖。白糖呈顆粒狀，比紅糖的顏色淡很多，但還不是潔白如雪的顏色。後來，人們發明了"黃泥水淋脫色法"，白糖的顏色才變得十分潔白。

白糖是用中國人首創的製糖法製作的喲。

1 準備一口大缸，在上面安放一個瓦質的漏斗，用稻草堵住漏口。

2 將深棕色砂糖漿倒入瓦質漏斗中。經過兩三天後，漏斗的下部就被結晶的砂糖堵塞住了。

3 拿掉稻草，用黃泥水慢慢淋在漏斗裡的砂糖上。黃泥水能吸附和過濾有色雜質，經過很長一段時間，有色雜質慢慢沈澱，並和黃泥水一起滴落進下面的大缸中，留在漏斗裡的就是白砂糖了。

看，這就是"黃泥水淋脫色法"，可以將深棕色的砂糖變成雪一樣白。好神奇啊！

糖糖歷史課 "中國糖"曾行銷全世界

　　中國自明朝起，就已經成為糖的出口大國，中國白糖出口到日本、印度和馬來群島，製糖技術也隨之遠播。明朝後期，繼茶葉和絲綢之後，糖成為中國的第三大宗出口貨物。那時，孟加拉語將白砂糖叫作"中國糖"。明崇禎十年（1637年），英國東印度公司的商船曾在廣州港口先後購買過 13028 擔（約 650 噸）白糖和 500 擔（約 25 噸）冰糖，中國糖得以遠銷歐洲。

傳統老冰糖製作法

　　白糖出現後，古人研究出冰糖的製作方法。冰糖是以白砂糖為原料，經過再次溶化、去雜質，重新結晶而製成的。

　　傳統老冰糖是如何製作的呢？

冰糖的分類

多晶冰糖（老冰糖）　　　　　　單晶冰糖

2 往糖漿中加入雞蛋清，可以使糖漿中的雜質沈澱。

1 將白糖加入清水中攪拌，加熱熬煮成糖漿。

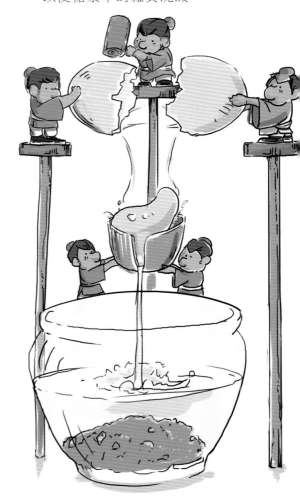

3 將新鮮的嫩竹子截成一寸長短的竹片，投入溶化的白糖中。竹片有助於冰糖成型，糖漿會在竹片上慢慢地形成結晶。

4 經過一夜，糖漿凝結成一塊塊的冰糖。

糖糖民俗課 冰糖的由來

　　傳說在很早很早以前，四川省內江市有個聰明伶俐的姑娘，名叫扶桑。因家裡很窮，她只好到製糖廠老闆家當丫頭。

　　有一天，扶桑見老闆出門去了，便舀了一碗滾燙的濃糖漿端進竈房，想嘗嘗糖的滋味。不料，老闆突然又回來了，扶桑急忙把滾燙的糖漿倒進竈頭的豬油罐裡，塞到稻草堆裡。

　　幾天後，扶桑才想起柴堆裡的糖漿。她把豬油罐端出來，打開蓋子一看，罐子裡全是白生生、亮晶晶的東西，看上去像冰一樣。她敲下一塊嚐了嚐，又脆又甜。

　　這就是傳說中最早的"冰糖"。後人經過不斷摸索改進，逐漸形成了冰糖的傳統手工藝製作法。

糖糖生活課 製作好吃的麥芽糖

　　麥芽糖有非常悠久的歷史，我們今天很少直接拿來吃了，但它依然是製作糕餅、甜點的重要原料。自己動手做麥芽糖非常有趣，和爸爸媽媽一起來嘗試吧！

材料： 麥粒、糯米。

麥芽糖

1 先將麥粒在水中浸泡 3~4 小時，然後撈出，平鋪在鋪好棉布的盤子上，經常灑水，等待麥粒發芽。

2 4~5 天後，麥粒開始發芽。待麥芽長到 5~6 公分高的時候，將麥芽摘下，放入水中清洗乾淨。

3 與此同時，將一些糯米洗乾淨，加水一起放到電鍋中，開始蒸糯米飯。

4 在等待糯米飯蒸熟的時候，將之前洗乾淨的麥芽放入攪拌機，加入一定量的清水，打成麥芽汁。

5 將糯米飯涼涼，取適量放入攪拌機中，和麥芽汁一起攪拌成糯米麥芽糊。

6 把糯米麥芽糊倒入電鍋，按下保溫鍵，讓它在高於常溫的環境裡慢慢發酵。

7 6~8 小時後取出晾晾，用事先準備好的布袋進行過濾。從布袋中濾出的液體就是麥芽糖汁，濾進容器裡小心收集起來。

8 用大火熬煮麥芽汁，快速蒸發水分，待水少後改用小火，並不停地攪拌，防止燒糊。

9 等鍋中麥芽糖汁的水分漸漸熬乾，最後剩下的金黃色黏稠物，就是麥芽糖了。

麥芽糖涼了容易變硬，必須趁熱裝入密封的容器中喲。

17

用糖製作的傳統美食

你知道嗎？早在唐宋時期，民間就已經出現了各種各樣用糖做成的美食，不僅深受老百姓喜愛，還遠銷到波斯、羅馬等地。即使到今天，這些美食依然是我們喜愛的零食。這些美食背後還有一些有趣的傳說呢。

冰糖葫蘆

南宋宋光宗最寵愛的貴妃得了不思飲食的怪病，服用了許多貴重藥物都不見效。皇帝無奈，只好張榜招醫。

一位江湖郎中出了個偏方：只要將山楂與紅糖煎熬，每頓飯前吃 5~10 枚，半月後病準會好。貴妃按此方服用後，果然如期病癒了。宋光宗龍顏大悅，命人如法炮製。後來，這酸脆香甜的山楂傳到民間，就演變成了冰糖葫蘆。

梨膏糖

傳說，梨膏糖是唐太宗時的宰相魏徵發明的。魏徵做宰相時，他的母親患了咳嗽病。名醫開了不少草藥，但母親嫌藥苦不肯服用，這讓魏徵很苦惱。

一天，魏徵忽然想起母親平時喜歡吃梨，便派人把藥研成粉末，和梨汁、糖一起熬成膏，藥不但不苦了，還帶有梨的甜味。他的母親服下後咳嗽很快就好了。

後來，人們相繼仿製，將這種甜膏取名為梨膏糖。

顧名思義，糖畫就是以糖作畫。

相傳唐代大詩人陳子昂在家鄉四川時，很喜歡吃黃糖（蔗糖），不過他的吃法卻與眾不同。他先將糖溶化，然後在清潔光滑的桌面上繪製成各種動物及花卉圖案，待凝固後拿在手上，一邊賞玩一邊吃，自覺雅趣脫俗。

後來，這種畫一樣的糖傳入皇宮，皇帝讓陳子昂給太子表演糖畫，對其大加讚賞。糖畫因此而聞名，並代代相傳至今。

糖畫

龍鬚糖

龍鬚糖又名龍鬚酥。據傳，明朝正德皇帝遊歷民間時，發現民間竟有一種糖食酥甜可口，入口極香，非常特別，百姓稱之為「銀絲糖」。因為覺得特別好吃，正德皇帝下旨把銀絲糖帶回宮中，並賜名為「龍鬚糖」。

糖瓜兒

糖瓜兒是漢族的傳統糖果，既是孩子們過春節時喜愛的零食，又是祭竈神的祭祀用品。

傳說，竈王爺每年臘月二十三都要回天庭向玉帝稟報各家各戶這一年的善惡情況，除夕夜返回人間，根據玉帝的旨意懲惡揚善。為了讓竈王爺「上天言好事，下界保平安」，人們在臘月二十三擺上糖瓜兒送竈王爺回天庭。希望他吃了糖瓜兒後，能在玉帝面前多講好話，那些不好的事情就用黏黏的糖瓜兒糊住他的嘴巴，讓他想說也張不開口。

工業製糖打開新世界
18 世紀的大發現

18 世紀，一種新的製糖原料——甜菜終於被發現，給製糖業的發展帶來重大突破。那麼，是誰發明了甜菜製糖的工藝和方法呢？

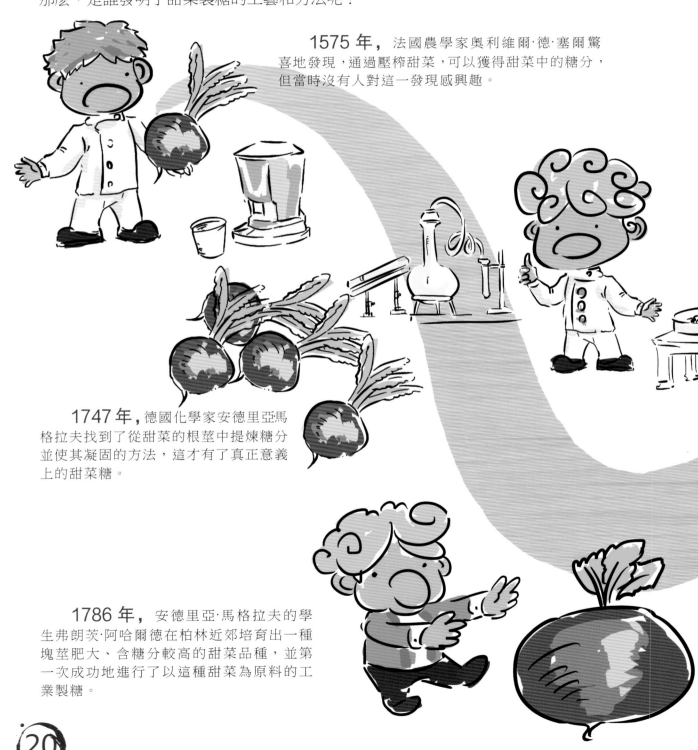

1575 年， 法國農學家奧利維爾·德·塞爾驚喜地發現，通過壓榨甜菜，可以獲得甜菜中的糖分，但當時沒有人對這一發現感興趣。

1747 年， 德國化學家安德里亞馬格拉夫找到了從甜菜的根莖中提煉糖分並使其凝固的方法，這才有了真正意義上的甜菜糖。

1786 年， 安德里亞·馬格拉夫的學生弗朗茨·阿哈爾德在柏林近郊培育出一種塊莖肥大、含糖分較高的甜菜品種，並第一次成功地進行了以這種甜菜為原料的工業製糖。

1802 年，阿哈爾德在東歐西里西亞附近的庫內恩建立了世界上第一座甜菜糖廠。此後，歐洲各國相繼建設甜菜糖廠，甜菜製糖業逐漸興起。

21

拿破崙推動了甜菜製糖的發展

甜菜製糖業在歐洲的迅速崛起和發展，與法國的皇帝拿破崙有直接關係。

歐洲戰爭期間，拿破崙對英國實行嚴格的"大陸封鎖"政策，禁止英國一切貨物和原材料進入歐洲大陸，這其中就包括甘蔗。沒有了甘蔗，法國人就必須找到新原料來製糖。

1811 年，化學家班傑明·德雷舍終於實現了在法國用甜菜進行工業製糖。拿破崙因此授予班傑明榮譽勛章，並鼓勵人們都用班傑明的甜菜製糖法。

後來，因為奴隸制度的廢除，依靠大量廉價工人的甘蔗製糖業，失去了大量的廉價工人，蔗糖的價格不斷提高。

因此，在整個 19 世紀，甜菜的種植和甜菜製糖業變得越來越重要。不久，甜菜製糖技術便在歐洲大陸普及，並越過大西洋傳播到美洲，繼而遠播亞洲，遍及世界。

糖糖歷史課 糖的苦澀歷史

　　製糖業進入工業化，生產規模擴大，甘蔗園需要大量的勞工種植甘蔗，製糖廠需要大量的勞工工作。於是，大量的非洲黑人被當作奴隸販賣到美洲，他們被抓捕、綁架、逼迫著離開家園和親人，在骯髒、腐臭的船艙裡飄洋過海數月才能到達美洲，在此期間很多人會因為飢餓、疾病、暴打而死亡，往往滿滿一船的奴隸，到達目的地後僅有三分之一存活下來。這就是罪惡的奴隸貿易。可以說，製糖業和販奴業是一對孿生兄弟。18世紀以後，歐洲列強對亞洲進行殖民統治，大量的東亞、東南亞勞工也被販賣淪為奴隸。甜甜的糖正是這些可憐的奴隸、勞工用血淚換來的。

中國第一家現代糖廠

20 世紀初期，中國的製糖業興起了機械化熱潮，很多糖廠都想從手工生產轉變成機器生產，但他們的嘗試都失敗了。直到 1934 年，廣東才出現了第一家成功投產的機械化甘蔗糖廠。從此，中國製糖業從傳統手工過渡到了現代化的機器生產階段。

市頭糖廠

糖糖歷史課 中國現代 "蔗糖之父" 的故事

　　馮銳是中國第一家現代化糖廠的創辦者，被稱為 "現代蔗糖之父"。

　　馮銳生於廣州，小時候家裡很窮，連學費都交不起，靠著好心人資助才讀到大學，後來還去國外留學，並獲得了農業經濟學博士學位。

　　回國後，馮銳看到市場上的蔗糖大部分都從國外進口，而國產的蔗糖還要依靠手工生產的方式，非常落後。於是，當時擔任農林局局長的他大膽引進外資和國外一流機器設備，創辦了中國第一家機械製糖廠，開啟了中國現代化製糖的歷史。

去甘蔗製糖廠看看

1 看，一輛大卡車正載著滿滿一車甘蔗開進糖廠，我們跟著去看看。

2 一根根甘蔗被送入壓榨機裡，這些壓榨機可真厲害，刀輪來回劃動幾下，就把甘蔗切成了長長的片狀或條狀。

8 將沈澱的顆粒物過濾掉，就得到了比較清澈的甘蔗汁。

9 進一步加熱蒸發，並再次漂白，就可以得到結晶糖與糖漿的混合物了。

10 將結晶糖與剩餘的糖漿分開需要借助離心機，它看起來像一個巨大的滾筒。當離心機飛速轉動時，離心力會讓糖漿流到一邊，結晶的糖則被拋甩出來，把結晶糖收集起來，就得到了白糖。

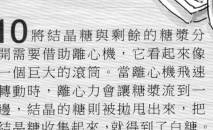

白糖冷卻乾燥系統

3 切好的甘蔗被送入下一臺壓榨機。看，濃稠的甘蔗汁順著機器的齒縫流進了大缸裡。

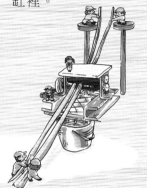

4 此時的甘蔗汁裡懸浮著泥沙、蔗渣等多種雜質。加入一些石灰水可以吸附這些雜質，使它們形成較大的固體顆粒，沈澱在容器底部，並最終被過濾出去。

5 大火加熱過濾後的甘蔗汁，那騰騰的熱氣，彷彿都帶著一絲甜味。

7 這時的甘蔗汁裡還會懸浮著一些極細小的雜質，需要加入磷酸再次澄清。磷酸能使細小雜質凝結成大一些的顆粒物並沈澱下來。

6 在加熱過的甘蔗汁中加入二氧化硫氣體。這種氣體有漂白和脫色的作用，經過處理的甘蔗汁一下子變得乾淨而透明了。

糖糖科學課 其他用途

　　壓乾了汁的甘蔗渣可以用來做燃料。甘蔗汁中的泥沙等雜質被過濾後產生的濾餅，可以做成有機肥料。那些沒有結晶、仍含有較多糖分的黏液叫作糖蜜，可以用來製作酒精、味精、飼料等。

11 這些白糖還需要通風乾燥，才會成為我們見到的亮晶晶的白砂糖。

掃一掃，觀看有趣的影片。

12 最後把白砂糖分袋包裝，就可以上市銷售啦！

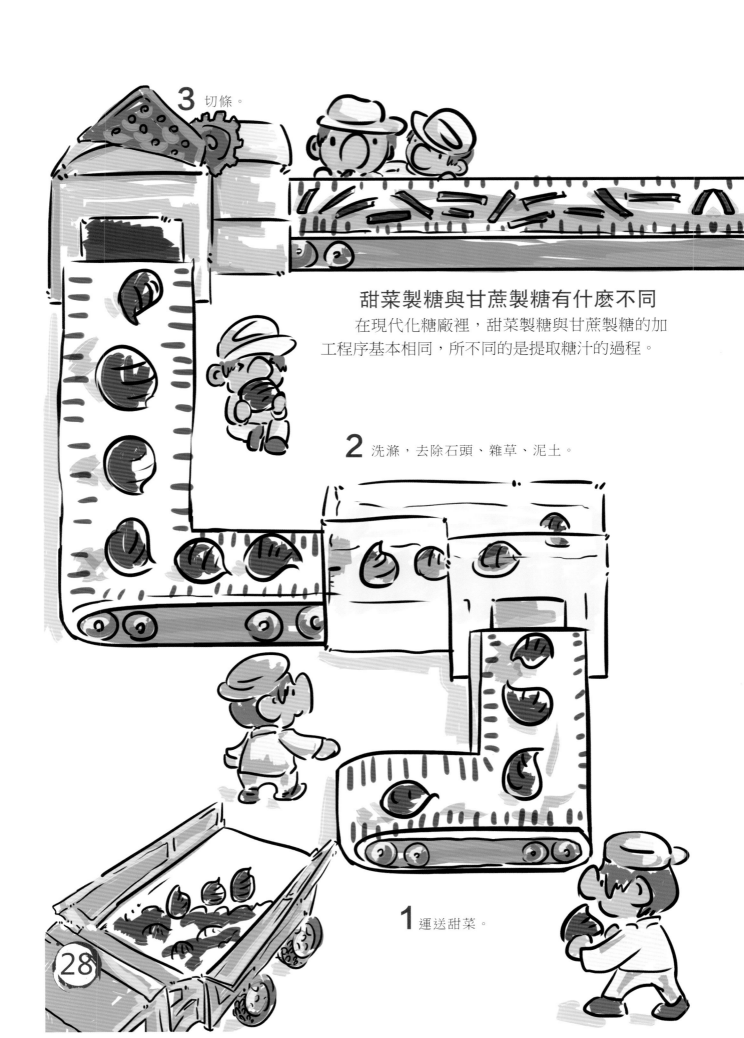

3 切條。

甜菜製糖與甘蔗製糖有什麼不同

在現代化糖廠裡，甜菜製糖與甘蔗製糖的加工程序基本相同，所不同的是提取糖汁的過程。

2 洗滌，去除石頭、雜草、泥土。

1 運送甜菜。

28

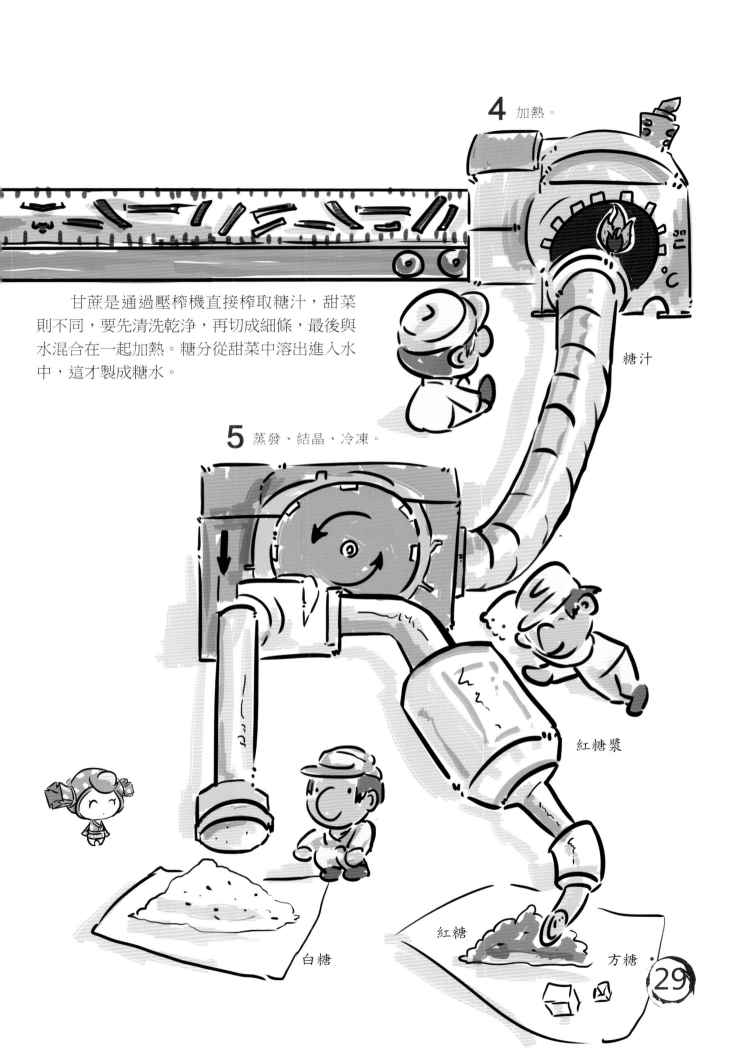

4 加熱。

糖汁

甘蔗是通過壓榨機直接榨取糖汁，甜菜則不同，要先清洗乾淨，再切成細條，最後與水混合在一起加熱。糖分從甜菜中溶出進入水中，這才製成糖水。

5 蒸發、結晶、冷凍。

紅糖漿

白糖

紅糖

方糖

五彩繽紛的糖世界

一提起糖，你一定會想起令人喜愛的糖果來。每個國家都有自己獨特的糖果，它們就像一張張名片，展示著各國的糖文化。

跟我來一次糖家族的世界之旅吧！

中國

大白兔奶糖：作為中國曾經的"第一奶糖"，其香醇的奶味與簡單好記的名字，陪伴無數人度過了甜蜜的童年。

粽子糖：像粽子一樣晶瑩剔透的粽子糖，是中國最早的糖果之一。

生活在日本的糖家族都長得很可愛，它們的外形總是很有創意。

日本

瓦卡西：日本的小朋友喜歡吃的一種糖果，它是用稻米磨成的粉加上水、蔗糖混合製成的。糖果廠商在不同的季節推出不同形狀和顏色的糖果，有櫻花、石竹、秋葉以及雪花等。

美國人都很喜歡吃糖。美國的糖不但種類多，甜度也很高。每年的萬聖節，小朋友們都會打扮成鬼精靈的模樣，提著籃子挨家挨戶討要糖果。

美國

手杖糖：這種用麥芽糖製成的糖果，可是聖誕節最好的裝飾喔。

你知道嗎？德國不但是橡皮糖的天堂，也是全世界最能吃巧克力的國家，德國人均每年要吃掉 10.12 公斤的巧克力呢。另外，每年的 12 月 6 日是德國的聖尼古拉節，聖尼古拉會送給小朋友許多糖果和禮物。

德國

小熊糖： 德國國寶級的糖果，不但形狀可愛，而且美味可口，富含多種維生素。

西班牙不僅以鬥牛聞名，這裡的手工糖果也很棒哦！

加拿大被稱為"楓葉之國"，而用楓樹樹液製成的楓糖更是世界聞名喔！

西班牙

棒棒糖： 西班牙人發明了世界上第一支棒棒糖！

牛軋糖： 西班牙人最愛吃的一種糖果，由烤果仁和蜜糖製成。在聖誕節的時候，小朋友們都會收到這種糖。

加拿大

楓葉糖： 這種金黃色的糖漿香甜醇厚，是加拿大人餐桌上不可缺少的美食之一，又被稱為"液體黃金"。

糖有神秘莫測的魔法

糖不僅在烹飪中有畫龍點睛的作用，還具有一些令人難以想像的神奇作用。

美味劑

難以下咽的苦藥，因為有了糖的加入，變得沒有那麼恐怖了，比如止咳糖漿。糖還能讓一些飲料和冰淇淋保持很好的黏稠度，吃起來口感更好。

造型劑

糖是手藝高超的造型師——讓麵糰發酵膨脹，離不開糖；讓蛋白蓬鬆如泡沫，離不開糖；讓可可脂結晶成巧克力，離不開糖……

催化劑

　　釀葡萄酒時，在葡萄汁裡加一些糖，可以幫助葡萄發酵。

花肥

　　糖可以做花肥。只要在澆花的水裡加一勺糖，就可以為鮮花提供足夠的能量。

腐蝕劑

　　想不到吧，糖還是藝術家呢！銅板雕刻（一種繪畫技法）時在藥水裡加一點糖，可以更好地腐蝕銅板，雕刻出更優美的線條。

天然防腐劑

　　糖是專業的美容師，有抑菌防腐的作用。好吃的果醬和蜜餞，都因為加了糖，才不那麼容易壞。

天然色素

　　白糖加熱會變成焦糖，是紅燒菜餚的必備工序。焦糖是一種天然的著色劑，可以用來裝飾糖果、餅乾、啤酒、可樂。醬油也能用焦糖著色。

口香糖是最古老的糖果之一

　　口香糖是世界上最古老的糖果之一。口香糖誕生之前，中美洲的馬雅人就喜歡咀嚼天然樹脂，這就是最原始的"口香糖"。我們現在吃的口香糖的歷史可以追溯到一百多年前，它的發明過程也很有趣呢。

　　1869 年的一天，托馬斯·亞當斯和他的兒子湯姆在自家工廠裡，正對著一大桶產自墨西哥叢林的乾樹膠發愁呢。他們訂購了這桶樹膠，原本指望用它來製作一種新型輪胎，可就是不成功。托馬斯心不在焉地揪下一小片樹膠嚼起來。"嘿，味道不錯！"於是，他和兒子把這種樹膠摻入熱水，再加入香料，揉成一個一個的小圓球，送到藥店去出售，沒想到大獲成功。這就是最早的口香糖。

口香糖是怎麼做的?

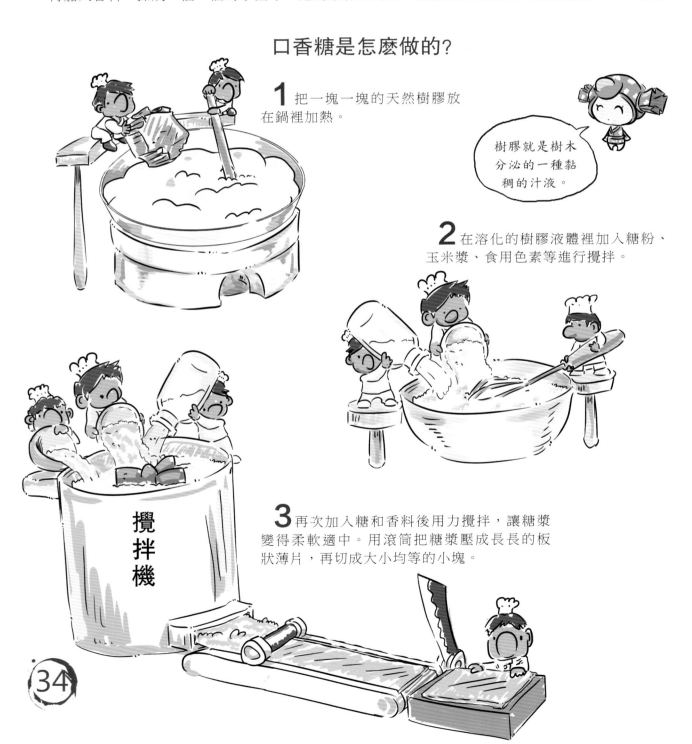

1 把一塊一塊的天然樹膠放在鍋裡加熱。

樹膠就是樹木分泌的一種黏稠的汁液。

2 在溶化的樹膠液體裡加入糖粉、玉米漿、食用色素等進行攪拌。

攪拌機

3 再次加入糖和香料後用力攪拌，讓糖漿變得柔軟適中。用滾筒把糖漿壓成長長的板狀薄片，再切成大小均等的小塊。

4 讓板狀的口香糖在冷卻箱裡待一晚上，使其慢慢冷卻。這樣口香糖就能完全凝固了。

冷卻箱

5 將板狀的口香糖切成一樣大的條狀，並包上漂亮的包裝紙，口香糖就做好了。

口香糖

掃一掃，觀看有趣的影片。

糖糖科學課 泡泡糖

泡泡糖是口香糖的一種，它採用的原料是強度和韌性都很好的樹膠，可以通過口腔呼氣把糖吹成泡泡。最早的泡泡糖大多為粉色的，這是因為 1928 年美國福利爾公司發明"大大泡泡糖"時，大量使用了粉色。

巧克力曾是糖世界的國寶

巧克力是馬雅人發明的。馬雅人居住在中美洲,那裡盛產可可豆。馬雅人在可可豆磨成的液體中加入水、蜂蜜、香料和辣椒,做成又苦又甜、又香又辣的液狀巧克力,專用於貴族社交場合和祭祀。你能想像在貴族聚會中,一群人像喝紅酒一樣喝著巧克力嗎?

巧克力是這樣做出來的

1 把可可豆裡的壞豆子和雜質去掉,再去皮,用 100℃ 的高溫炒熟。

2 把炒熟的可可豆磨成糊狀,這就是可可漿。

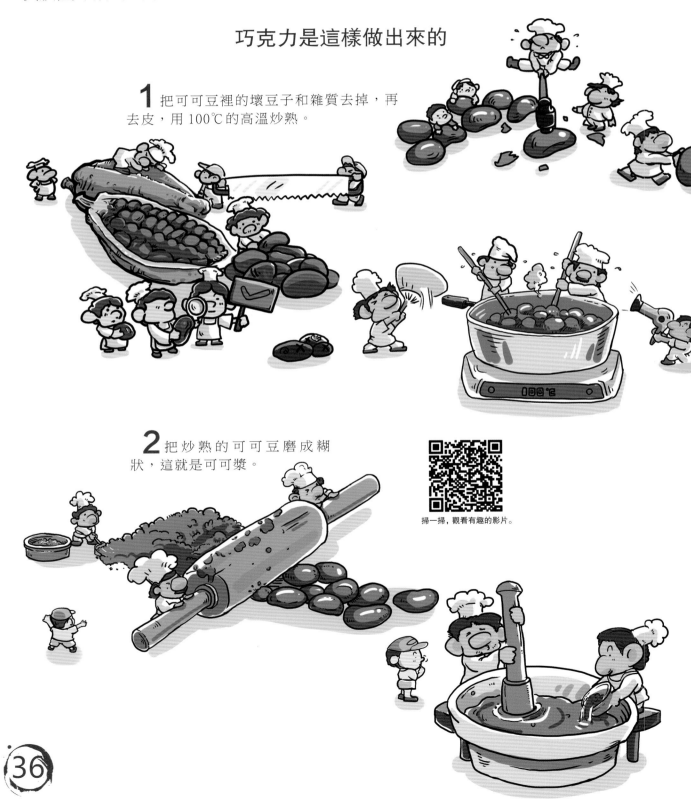

掃一掃,觀看有趣的影片。

後來，西班牙人把可可豆帶到了歐洲。一開始，歐洲人只用可可豆製成的巧克力作為提神藥飲，後來加入了糖和香料，才受到貴族的歡迎。巧克力的製作方法一度屬於國家機密，被一個傳教士不小心洩露出去，才得以風靡歐洲。19 世紀時，巧克力才被製成塊狀。

3 在可可漿裡加上可可脂、奶粉和砂糖等，混合後進一步研磨，磨得非常柔滑。

4 對可可漿進行 24 小時的精煉，這樣巧克力才會具有獨特的香氣和味道。

5 在合適的溫度下，對巧克力漿進行攪拌，讓巧克力漿透亮有光澤，黏稠度均勻。

6 把攪好的巧克力漿倒進模具，慢慢冷卻定型，脫模後便成為形狀各異的巧克力啦。

糖糖生活課　自製牛軋糖

在製糖工藝落後的年代，牛軋糖比黃金還要貴重，有錢也買不到。據說，法國國王路易十五去西班牙探訪親戚，帶的不是黃金珠寶，而是牛軋糖。

現在，牛軋糖依然是人們喜歡吃的零食。它的製作方法也不複雜，跟著糖糖一起動手做一做吧！

製作步驟

1 材料：原味棉花糖 150 克、生花生 80 克、核桃仁 40 克、奶粉 80 克。

80 克

40 克

150 克

80 克

牛軋糖

2 炒鍋不放油，把花生和核桃仁用小火炒 10~15 分鐘。

4 把棉花糖放入大碗中，噴一些水，放入微波爐高火轉約 40 秒鐘或者烤箱以 130 攝氏度高溫烤十幾分鐘，發現棉花糖變得膨大就可以了。

3 保鮮膜刷上油備用。去掉花生的紅外衣並一分為二，核桃仁切小塊備用。

5 迅速倒入花生和核桃仁快速攪拌。

6 加入奶粉，繼續用力快速攪拌均勻。如果棉花糖變涼發硬，可以再用微波爐加熱繼續攪拌。

7 趁熱快速包上抹好油的保鮮膜，冷凍至其變硬。

8 切塊，就成了誘人的牛軋糖了。

9 自己設計漂亮的糖紙來包出各種造型。

糖，不僅僅是甜蜜

糖雖然不是人類生活的必需品，但它同樣不可或缺。它為我們的身體提供熱能，我們每天都少不了它。

糖為大腦提供能量

無論人在做什麼事，大腦每小時都要消耗相當於一塊糖的能量。不過，這並不表示我們必須每小時吃一塊糖。

糖為身體儲備能量

糖就像一個努力工作的小精靈。從食物中吸收的糖轉化成葡萄糖後，穿梭在人體的血液中，為不同器官的細胞提供"糧食"。如果攝入糖過多，它們還會將部分糖儲藏在肝臟裡，隨時等待人體的召喚。當人們感到疲憊或飢餓時，它們就會跑出來為人體提供能量。毫不誇張地說，人體所需的 60% 左右的能量，都是由糖提供的。

每一餐的食物裡都含有糖分

人們吃的很多食物都會用糖來調味，即使不加糖，很多食物本身也含有天然的糖分。

100 克豬肉約含 1 克糖

100 克雞蛋約含 1.3 克糖

100 克牛奶約含 6.1 克糖

100 克蘋果約含 13 克糖

食物裡糖分含量

100 克馬鈴薯約含 16 克糖

100 克冰淇淋約含 23.8 克糖

100 克三合一速溶咖啡約含 48.6 克糖

100 克饅頭約含 49 克糖

100 克巧克力約含 57.2 克糖

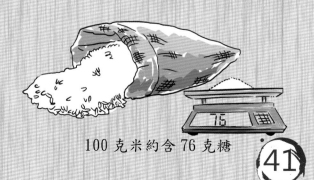

100 克米約含 76 克糖

吃糖要適量

　　糖能夠為我們的身體提供能量，但吃得太多反而對身體不利。人體所需的營養素很多，任何一種食物或必需的營養素如果攝入過量，都會造成營養失調，引起不良後果，吃糖也不例外。

一個人每天要吃多少糖才合適？

　　營養學家建議每人每天攝入的白糖總量控制在30~40克比較合適。我們快來算一算，30~40克白糖有多少呢？

1 小杯優酪乳約含糖 6 克

6克

1 支蛋捲冰淇淋約含糖 10 克

10克

3 小塊巧克力約含糖 9 克

9克

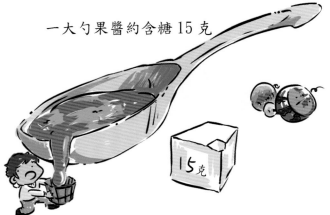

一大勺果醬約含糖 15 克

15克

1 罐可樂約含糖 37 克

37克

🍬 糖糖生活課

請你算一算，吃完下面這些組合的食物，身體共攝入多少克糖？

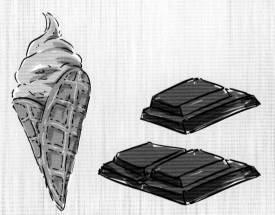

1 罐可樂 +1 小杯優酪乳 = ＿＿ 克糖　　　　1 支蛋捲冰淇淋 +3 小塊巧克力 = ＿＿ 克糖

為什麼糖吃多了容易長蛀牙呢？

糖經過細菌分解，會產生一種黏黏的酸性物質，包裹在牙齒上。這種酸性物質很容易腐蝕保護牙齒的牙釉質。牙齒失去了保護，很快就會成為蛀牙。

1. 牙齒表面的牙釉　　　2. 糖分附著在牙齒上　　　3. 糖被細菌分解
　 質能保護牙齒

4. 酸性物質包裹在牙齒上　5. 牙釉質被酸性物質腐蝕　6. 細菌侵蝕牙齒形成牙洞

糖吃多了真的會變胖嗎？

會！糖能為身體提供能量，但如果吃糖過多，能量超標，會造成體內血糖升高。身體為了降低血糖，會自動把一部分糖轉化成脂肪。這就是吃糖多會變胖的原因。所以，同學們吃糖要有節制呀！

糖糖旅行記

我和我的小夥伴曾經到世界各地去旅行，在旅途中遇到和聽說了很多有趣的故事……

吹得最大的泡泡糖

世界上用泡泡糖吹出的最大泡泡直徑達 50.8 公分，完全是靠人工吹出來的喲。這項紀錄是 2004 年在美國創造的，載入了當年的金氏世界紀錄大全。

令人恐懼的蟲子糖果

2010 年 2 月，日本某知名玩具糖果公司推出了一種新的糖果。這些糖果的外形像極了令人恐懼的蟲子，真讓人有點兒不敢下口呢。

禁賣口香糖的國家

新加坡曾是全球唯一禁止販售口香糖的國家，但法律並未禁止人們吃口香糖。如果有人敢亂吐口香糖，會被罰得很慘，新加坡近年逐步開放口香糖販售，但只准藥店賣，顧客還得登記詳細的身份資料。

糖蜜引發的災難

1919 年 1 月 15 日，美國波士頓港一個存有 870 萬公升糖蜜的槽罐突然倒塌，頃刻間，波浪一樣的糖蜜摧毀了一個火車站，使一輛火車脫軌，同時淹沒了好幾個街區，大量來不及逃跑的馬匹被糖蜜黏住，就像黏在黏蠅紙上的蒼蠅一樣死去。

多少口能舔完一根棒棒糖？

舔完一根棒棒糖需要多少口？答案是1000 口。這天馬行空的奇思妙想，竟然成了一個嚴謹的科學問題，還被就讀於紐約大學柯朗數學研究所的中國學生黃金紫帶領團隊用實驗證明，並獲得了 2015 年菠蘿科學獎數學獎。

好吃的糖果酒店

一家糖果公司曾在倫敦的 Soho 區建造了一家壽命僅為 1 天的 Pop-up 糖果酒店。馬卡龍顏色的牆壁，彩色蛋白糖餅的地毯，棉花糖花環、軟糖搭建的窗臺，滿眼盡是甜到入心的美味糖果，簡直是美食家的天堂啊。

The Origin of Everything

漫畫 萬物由來

讀漫畫・知常識・曉文化・做美食

小樂果 8

漫畫萬物由來：糖

作　　　　者／郭翔
總　編　輯／何南輝
責　任　編　輯／李文君
美　術　編　輯／郭磊
行　銷　企　劃／黃文秀
封　面　設　計／引子設計

出　　　版／樂果文化事業有限公司
讀者服務專線／（02）2795-3656
劃　撥　帳　號／50118837 號 樂果文化事業有限公司
印　刷　廠／卡樂彩色製版印刷有限公司
總　經　銷／紅螞蟻圖書有限公司
地　　　址／台北市內湖區舊宗路二段121 巷19 號（紅螞蟻資訊大樓）
　　　　　　／電話：（02）2795-3656
　　　　　　／傳眞：（02）2795-4100

2019 年 3 月第一版 定價／ 200 元 ISBN 978-986-96789-7-1